"大自然小问题"
系列

# 主宰天气
# 的小秘密

[法]托马斯·布兰查德 / 著
[法]佩吉·弗雷
[法]弗雷德里克·米肖 / 绘
宁虹 / 译

深圳出版社

版权登记号 图字：19-2024-346 号

Originally published in France as:

Ce qui fait la pluie ... et le beau temps

By Thomas Blanchard & Peggy Frey, Illustrated by Frédéric Michaud

© Les Editions de la Salamandre

Current Chinese translation rights arranged through Hannele & Associates
C/O Divas International, Paris

巴黎迪法国际版权代理(www.divas-books.com)


**图书在版编目（CIP）数据**

主宰天气的小秘密 / （法）托马斯·布兰查德，（法）
佩吉·弗雷著 ；（法）弗雷德里克·米肖绘 ；宁虹译.
深圳 ：深圳出版社，2025．7．--（"大自然小问题"系
列）．-- ISBN 978-7-5507-4196-6

Ⅰ．P44-49

中国国家版本馆CIP数据核字第2025U8U176号


"大自然小问题"系列：主宰天气的小秘密
"DAZIRAN XIAOWENTI" XILIE: ZHUZAI TIANQI DE XIAOMIMI

| 责任编辑 | 岑诗楠 | 责任技编 | 梁立新 |
| 责任校对 | 万妮霞 | 封面设计 | 朱玲颖 |

出版发行　深圳出版社
地　　址　深圳市彩田南路海天综合大厦（518033）
网　　址　www.htph.com.cn
订购电话　0755-83460239（邮购、团购）
设计制作　深圳市童研社文化科技有限公司
印　　刷　深圳市新联美术印刷有限公司
开　　本　787mm×1092mm　1/24
印　　张　4.5
字　　数　7.2千
版　　次　2025年7月1版
印　　次　2025年7月1次
定　　价　39.80元

# 目 录

# 雪为什么是白色的？

▶ **因为它像镜子一样反射太阳光。**

当温度达到0℃左右时，水凝结成冰，雪呈絮状飘下。从逻辑上说，雪和冰一样应该都是透明的。但实际并不是这样，当它纷纷扬扬覆盖住大地的时候，我们会发现它是洁白的。雪花由很多冰晶组成，洁白的秘密就隐藏在冰晶的成分里面。

在形成雪的颜色上起着重要作用的关键因素是：光线与折射。当一束光线遇上一个冰晶体，光线会穿过晶体，让它看上去是透明的。而雪的多面晶体则会让光线互相碰撞、堆叠，越来越密集。光线不能简单地穿过去，而是被一个又一个晶体不断折射……

最后，所有的晶体面都像镜子，互相反射，汇成彩虹一样的光线。那雪花不应该是彩色的吗？嗯，不是。因为它们不断地相交，这些不同的颜色汇聚、叠加，最终成了白色。

那么，沙漠会下雪吗？答案见第19页。

## 你知道吗？

雪花洁白的大裙袍能延长它存留的时间。白色比黑色有更强的反射作用，能更好地反射太阳光。这样雪就不会很快融化掉，而是像冰箱一样保持低温。正是因为雪袍是白色的，雪才融化得很慢。

# 人会被龙卷风
## 吸走吗？

▶ **人从地面被卷起来是有可能的，但不会被吸进云里。**

龙卷风是非常危险的极端天气现象之一。它通常在超级单体雷暴（80%以上）中形成，这些雷暴中可测量到时速达三四百千米的阵风。可是，和人们想象的相反，龙卷风的气流并不是垂直的，也不一定就是从下往上吹的。实际上，风是绕着暴风眼的中心形成涡流，逐渐盘旋向上的。

所有的物体和生命都有可能被龙卷风吹起，并被它以极快的速度带走……但不会被吸入云层里。等龙卷风的强度变弱以后，由于地球引力的作用，被卷走的东西会在几百米甚至几千米之外被抛下来，落回地面。

在美国，龙卷风的强度非常大，有时房屋会被整体吹移到两三千米以外。用"吸走"这个词来描述这种自然现象有点太夸张了，但龙卷风的危害主要来自被高速裹挟散开来的各种碎片。保护自己的最好办法是蜷缩身体躲在地下掩体里面。

### 你知道吗？

和大多数天气现象（大风、龙卷风、地震）一样，人们会根据暴风旋起的高度和带来的破坏程度对龙卷风进行分级，这就是藤田级数。从轻度的树枝折断到整栋建筑被毁坏，它一共被分为六个等级。

# 为什么风暴会
# 产生雷电?

▶ **类似于巨大的发电机工作原理。**

闪电好看又吓人。雷暴产生于带电的黑色云层,又称"积雨云"。数以百万计的水滴和冰晶组成积雨云,这些厚厚的铁砧状云被上下交换的气流吹着到处跑。无序的流动会导致云层中的水滴和晶体互相碰撞。在乱云飞渡过程中,微粒之间的摩擦会产生静电,随着云层增厚,静电会累积得越来越多。就像在一节电池里面,正极与负极相斥,于是,正电荷在云层上方堆积,而负电荷则在下方堆积。当两极电荷的电位差大到一定程度时,一道电光划破天际:这就是闪电。云层很快就失去它的电能,直到再次触发同样的机制。有时这个过程非常快。

雷声则是闪电产生的后果。当闪电产生时,电光周围的温度迅速升高,有时可以达到3万摄氏度,这种瞬间的升温会产生冲击波,并通过声音来表达。"轰隆",这就是打雷。

## 你知道吗?

闪电和雷声不能同步出现,这是因为它们的速度不同。光的速度可以达到每秒3万千米,比声音的速度快很多,声音的速度是每秒340米。想知道雷暴与自己相隔多少千米,只需把闪电和打雷的间隔秒数除以3。

# 云为什么不会从天上掉下来？

▶ **因为风把云团托在空中。**

空气、水蒸气和无数的小水滴会短暂地形成云团。它虽然看上去轻如羽毛，但仍然有重量，理论上它应该落下来。但云团并不会落下来，因为它处在一个动态的大气系统里，这里面的风、压力和温度的差异会让它保持在一定的高度。

云被很多气流吹着到处跑，显得很好动、不稳定。在这种强烈的空气交换中，气流底部更轻的小水滴被带到顶部，一些更重的水滴就会从云层的下面开始冒险旅行。如果周围的气团很干燥，它会立刻蒸发成水汽。

相反，如果这部分水滴达到了一定的重量，就会变成雨落下来。云团之所以不会掉下来，是因为它在自身分解的过程中会失去部分微粒（水滴），如果不能产生新的微粒，它就会消失。

云到底是怎么形成的？答案见第31页。

## 你知道吗？

组成云团的空气和水有一定的重量。那些超大的云团，比如积雨云，可以重达几百万吨。当你知道它的水分浓度远比别的云团高很多的时候，你就不会感到惊讶了。

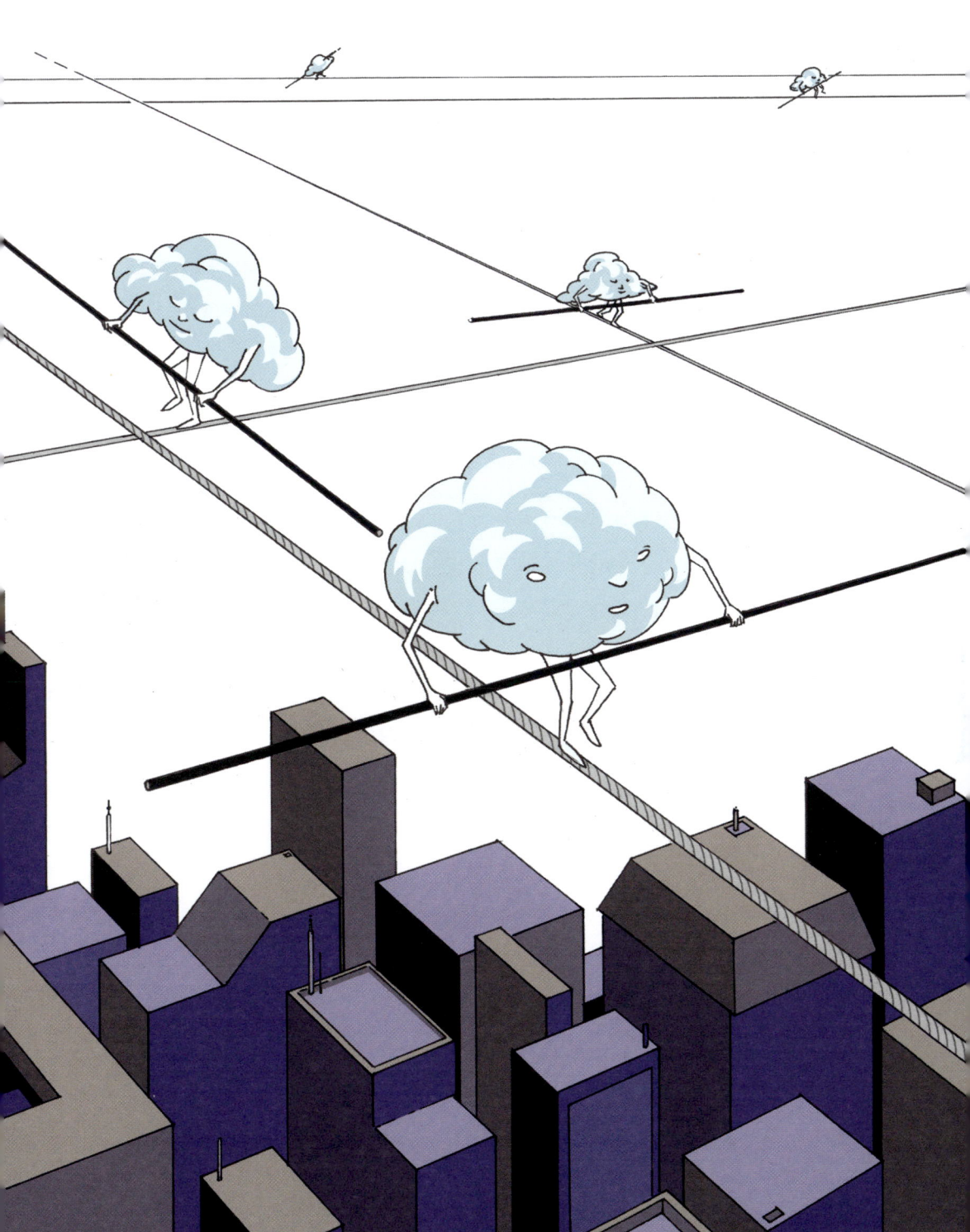

# 为什么撒哈拉沙漠如此**干旱**？

▶ **一条晴好天气带让撒哈拉沙漠上空的降雨变得极为罕见。**

高气压和低气压控制着地球的气候变化，地球上任何一个地方下雨还是天晴都由高气压和低气压决定。高气压可以看作气候稳定的同义词，因为伴随高气压下行的气流会蒸发消失。较为活跃的低气压则伴随着上升的气流，形成云团和雨。

在北回归线附近，这种气候的交替变化几乎不存在。在这个纬度附近的地区很难具备降雨的条件，因此极少下雨。那里高气压常年盘踞，阻止了云团的形成。撒哈拉沙漠正处在这条空气干燥又稳定的晴天带上。

全球范围内，有许多气候带。我们所处的纬度，高气压和低气压交互流动，所以会有阳光灿烂的时候，也会有阴云密布的日子。在北半球，低气压经常环绕在西欧和赤道地区，带来规律的降雨。

## 你知道吗？

除了干旱和炎热，温差也会影响撒哈拉地区的气候。白天气温有时高达46℃，晚上只有6℃，白天与夜间的温差达到了40℃。

# 雨水滴落的
# 速度有多快?

▶ **雨水落下的速度取决于水滴的大小，从每小时7千米至36千米不等。**

水滴越大落下的速度越快，反之，越小越慢，下落的速度由水滴的体积大小和类型决定。空气中水分过多时，水就会从云层中逸出，受到两种相反的力量的影响：地球引力将其引向地面；空气阻力则会减慢水滴的下落速度。在这种情况下，水滴的大小就决定了下落的速度。

下大暴雨时，水滴的直径可达6毫米，它们能以每小时30多千米的速度向地面倾泻而下。一场持续的大雨落下的速度大约为每小时25千米，小雨的下落速度则不会超过每小时20千米。有些毛毛雨的时速只有7至15千米，看上去就像在空气中飘荡。气象局通常只预报雨量大小，而不会预报雨水降落的速度，因为现实中没有什么工具能准确将其量化。

12

# 天空为什么是蓝色的?

▶ **因为蓝色是光线争夺战中的大赢家。**

天气晴好时,从地面仰望苍穹,天空呈现美丽的蓝色。借助三个至关重要的因素——太阳、大气和人类的眼睛,蓝色让自己成为天空的主色调。

太阳光的白色经过折射后,呈现出七色光。但每一种颜色的光都有不同的波长。

于是第二个重要因素出现了:大气。大气层包裹着地球,像一个过滤器,它的分子会吸收一部分太阳光的波长。紫色和蓝色的波长最短,因此,这两种颜色被大气层内微小但数量众多的分子扩散得最厉害。所以在光线过滤中的赢家是这两种颜色。

最后,还有第三个因素,我们的眼睛。由于对紫色不敏感,我们的眼睛更善于捕捉

晴空中的蓝色并持久认同······

## 你知道吗?

每天清晨与黄昏,太阳光是以斜射的方式到达地球的,这意味着光线要穿过更厚的大气层才能晒到我们身上。这时,空气过滤色彩的方式也不同,所以天空看上去是红色或者橙色的。

# 一整年不下雨，
## 可能吗？

▷ **在局部地区是可能的。**

世界上的某些地区会出现极端天气。降水最少的地区是智利北部的阿塔卡马沙漠，南美的这一地区被认为是世界上最干旱的地区。阿里卡则是地球上有人居住的最干旱的城市，这里持续干旱的最高时长非常惊人，从1903年10月到1918年1月，长达14年没有下过雨！

因各种各样的原因，这片与太平洋相连的土地具有独特的气候稳定性，使寒流阻止了气流的交换，让气候保持干燥稳定。

另一个地区，撒哈拉沙漠的东端尽头，在苏丹和埃及南部之间，也以干旱而闻名。

虽然缺乏相应的气象监测数据，但从卫星观测来看，该地区会出现长期不下雨的现象。

在欧洲的温带地区，全年无雨的现象是不可能出现的。好天气过后必然会迎来降雨。

### 你知道吗？

阿里卡这个城市到底有多干旱呢？他们的建筑完全不防水，一旦下雨，城中建筑就会因为漏雨而造成相当大的损失。比如2011年，那里下了一场降雨量仅为3.4毫米的雨，对我们来说就是下了一两个小时的雨而已，却让这个城市的1500座房屋受损。

# 沙漠会下雪吗?

▶ **当然了，哪怕是最酷热的沙漠也有可能下雪。**

沙漠气候的特征是少雨而非高温，因为它既可以很热也可以很冷。在寒冷的荒漠，甚至极地荒漠，少量的降雨会以下雪的形式出现，比如俄罗斯北部、阿拉斯加西北部，还有南极洲地区。以蒙古的戈壁荒滩为例，冬季气温达到−20℃至−15℃，尽管气温可达到零下，但这里仍被视为沙漠地区，这里就是会少量下雪的沙漠。

撒哈拉地区也有可能少量降雪，尤其是夜间，当气温下降到很低，比如0℃以下时就会下雪。当满足一定的气象条件时，突尼斯、阿尔及利亚南部也会飘起雪花，2018年1月就出现过这种情况。沙特阿拉伯和著名的阿塔卡马沙漠（参见第16页）也会下雪。

（参见第16页）

你知道吗?

还对撒哈拉沙漠上空飘起雪花感到惊奇吗? 有时候，当气流团裹挟着沙漠里的沙从南向北升腾，会出现相反的情况，人们能在阿尔卑斯山脉深处的积雪层里发现大量沙子。

# 为什么有的云像挂在山顶上?

▶ **主要是因为气温低。**

云团的形成遵循一个基本原则:含有水分的暖空气遇到冷空气就会凝结。这时候,山脉就成了一种额外的催化剂,加速了凝结的过程。当遇到起伏的山峦时,风会迫使空气上升。顺着山势向上,空气自然会变冷,加上一些其他因素,空气冷却会加重水汽凝结,从而形成一种被称为"地形云"的云团,因为它源于起伏的地形。

当气候环境比较稳定时,一团单独的水蒸气可以保留几个小时,就像一顶盖在山巅上的帽子。如果是持续的坏天气,山脉就会变成气流通行的阻碍。迎风的斜坡会聚集最密集的云团,而山体另一侧会形成透镜状云(荚状云),这是一种状如飞碟的不规则云团。如果天气继续恶化,云团会不断堆积,最终笼罩整个山脉。

云究竟是怎么形成的?答案见第31页。

### 你知道吗?

沿着山势向上刮的风有利于在山顶形成云团,同时也有可能让人和动物在山顶飞起。陡崖跳伞者和鸟就是借助风让自己持续上升到一定高度,自由滑翔。

# 怎么**预报**天气？

▶ **仔细观察天空中发生的变化。**

在全球范围内，卫星、雷达、气象站收集不计其数的天空状况的信息。人们通过这些工具整理气温、高压气旋、低压气旋、风向甚至风力的各种数据，然后进行观察和分析，预测未来天气的走向。

具体说来，就是把这些数据导入超级计算机内。要做出气象预判，计算机就要考虑云团的物理形态、空气或水分子的流动情况。依据这些数据，以地图的形式模拟出气象发展趋势。

当然，预报的时间越长，它的变数也就越大。

这时候就需要气象工作者的参与。气象专家们根据自己的经验和知识，解读卫星云图上的气象变化。通过他们的解读就可以预知天气情况，虽然不完全准确，但至少能在多个可能性中给我们一种选择。

## 你知道吗？

我们常常听说："天气预报从来不准。"其实一切都取决于我们依据的预报数据的准确性。智能手机的基础数据大部分是自动生成的，没有人工分析，所以这种预报还带有很多高度的假设性成分。

# 彩虹的颜色是从哪里来的？

▶ **源自太阳光的分解。**

正常情况下，太阳光是白色的，这是混合了所有颜色的结果。太阳光穿过空气中的水分，而水在空气中充当了棱镜并使光线偏转成多种颜色，这时彩虹就准备以炫目的方式登场，但它的出现还须同时具备下雨和太阳在地平线上方闪耀这两个条件。

如果在这个时候，光线与雨滴撞在一起，水滴就会以几种方式来反射太阳光。组成白光的几种浅色被分开，所以我们能看到七色彩虹。人只能看出彩虹中红、橙、黄、绿、青、蓝、紫色，实际上多彩的美丽彩虹是由很多差别细微的颜色组成的，可惜我们的眼睛不能全部辨别。

那么，天空为什么是蓝色的呢？答案见第15页。

---

**你知道吗？**

你可以在自己的花园里造一条彩虹：拿一根浇水的软管，用拇指阻挡水流，形成小雨，背向太阳，让光线穿过水滴，光线就会被水滴分散形成一道五彩缤纷的彩虹。

# 人工降雨
## 有可能吗？

▶ **理论上是可以的，但实际效果其实不尽如人意。**

一些科学家在尝试人为改变天气来避免某些自然灾害。比如，让暴雨或冰雹偏离原来的位置，避免农作物受损。在一些干旱地区，这些气候魔法师有时候也可以人工降雨，人们把这种技术称作"播种云团"。

这样做的原理很简单：只需人为放大凝聚核。这些微粒子飘浮在大气中，而周围水滴聚集。把一些人造物质比如盐晶体放入云团，可以加速冷凝。水滴容量逐渐变大、变重，最后变成雨滴，降落到地面。

俄罗斯、美国，最近还有阿联酋都尝试过这种方式，用飞机把催化物播撒到云层里。不过，这种技术尚处在实验阶段，效果还不能完全达到预期，因此有些科学家对此不抱希望，并认为"播种云团"对降雨的影响非常小，甚至可以说是微乎其微。

---

**你知道吗？**

某些国家，尤其是波斯湾地区的国家非常希望实现有效的人工降雨，因为他们担心饮用水缺乏。由于海水淡化成本特别高，这些国家正在寻找其他的解决方案。

# 果园结冰了
## 为什么还要浇水？

▶ **为了尽量减少低温带来的损害。**

如果在春天出现持续性的晚霜，果树上已经长出的芽孢就会遭受冻害。这对果农来说是灾难性的，他们将失去全部或部分收成。

果农们会使用不同的方式来增加果树的抗冻能力。最有效的方式是浇水，以保持树木的湿润。浇水能让芽孢周围形成一层结冰的壳，壳内温度保持在0℃左右，但不会继续降低，这是树木可以承受的温度。

这样，哪怕周围环境再冷，果树或葡萄藤都不会被冻死，这个方法很有效。为了保住果树，需要不断浇水直到树周围的冰融化。即使温度升高也要持续浇水，否则损害将会更大。

### 你知道吗？

防止冻害还有其他方式，最常用的是将点燃的蜡烛或小暖炉放到果园里。要避免霜冻，还可以用风力涡轮机搅动空气，但浇水是目前最有效的方法。

# 云是怎么
## 形成的?

▶ **由空气冷凝而成。**

我们呼吸的空气主要是由肉眼看不见的水蒸气组成的。它所含的水分是随着气温而变化的。天气热时大气中储存的水分比寒冷时多。

有时候，不同温度的气团相遇会导致空气饱和度上升。多余的水分会与空气周围的灰尘凝结成微小的水滴。随着持续不断地聚集，它们最终会变成云。我们可以观察到这样的现象：一锅热水所逸出的热气与房屋中的冷空气相遇时，就会形成蒸汽。

大自然中，冷暖空气会以各种不同的方式相遇。比如从北极来的冷空气可能会遇到来自温暖地区的高气压，或者是暖空气遇到高山那样的障碍物而被迫上升到更寒冷的地区。

那么，到底是谁给云起的名字呢？答案见第51页。

### 你知道吗?

地球上63%的地表被云层遮盖。由于水汽蒸发的原因，覆盖在海洋上空的云层要多于陆地上空。

# 可以**人工**引发雷电吗？

▶ **还不能……不过相关的研究正在进行中。**

法国和德国的一组研究人员最近验证了一个假设：通过将激光脉冲引入云层，可以尝试开辟一条通往闪电的道路。他们希望能疏导雷电，并控制它的影响。如果敏感地区或人口稠密地区能够避开闪电，不难想象可以避免多少损失。

这一研究主要基于以下技术：激光强光能电离空气，也就是说，它先让空气中的电荷得到增强，然后生成直线电流，将闪电引到指定地点。有了更大的能量，激光就可以引导放电超过数百米。

虽然在实验室里取得了成功，但这项实验还没有在实践中得到令人信服的结果。这些结果在很大程度上取决于所用激光的强度：强度越大，触发和引导闪电的概率就越大。那为什么不想办法捕捉闪电的能量呢？

事情未完待续……

## 你知道吗？

正如人们可以用雷达测量降水的位置和强度，我们也可以用传感器来识别雷击的强度及其频率。这些数据使气象学家能够准确监测雷电的范围和变化。

# 地球上哪个地区最热?

**▶ 这顶桂冠可能要颁给利比亚,或者美国和伊朗。**

这个问题在科学界是有争议的。地球上有记录以来的最高气温是58℃,1922年发生在利比亚的埃尔阿兹兹亚。

然而,负责搜集全球范围内气象资料的世界气象组织(WMO),对当时气象站点的监测条件提出了质疑。经过数年的调查研究之后,2012年出现了新的纪录,距上一次纪录过去了90年。

这一次,气象站记录到的最高温度是56.7℃,地点是美国加利福尼亚州的炉溪镇。这也许是该地区被称为"死亡谷"的原因之一。

虽然地球上还有其他地区出现极端高温天气,但由于当地没有气象观测站,无法获得可靠和标准化的数据。不过,有一个从事卫星测量活动的公司能够确定地球上最热的地区在哪里。它测量出的位置在伊朗的卢特沙漠,那里的周边温度竟高达70℃。

## 你知道吗?

地球上最冷的地区是南极。在南极高原,冬季气温经常在-60℃。创纪录的一次达到了-89.2℃,1983年7月发生在沃斯托克南部基地。

# 风真的能让人发疯吗?

▶ **它比让人发疯更烦人。**

风吹拂着地球上的每一个角落。在某些地方,风在一年中的某些时候存在感会更强一点。在一些特别暴露的地区,会长时间持续刮风。

在我们这个纬度,常刮的风有瑞士和奥地利的焚风,法国南部则是西北风、密史脱拉风和剧烈的南风交替上阵。虽有不同,但这些风也有共通之处,那就是人们把一切不好都归咎于它们!身体不好、精神疾病或自杀倾向,所有的坏事都归咎于风神。事实上,这些无非是民间信仰,没有证据证明与刮风有关。

换种说法,在持续刮风的时间里,风会刺激人的神经,从而让一些人精神状态不稳定。

一些精神病医生对这个问题进行了研究,他们认为:"对身心健康的人来说,刮风季节,可能会让他们感到心理不适。"①造成这种不适的主要原因,是风带来的不规则噪声或呼啸声。

你知道最狂暴的风时速有多快吗?答案见第44页。

> **你知道吗?**
>
> 风不会让我们失去理智,相反还有许多好处:驱散被污染的空气,让帆船鼓满风前进,还可以产生风能。

①米歇尔·艾斯康德,《快信》,2013年。——译注

# 冰雹是怎么形成的?

▶ **由于水滴在云团中心不断移动而形成。**

小心积雨云!雷暴时,冰雹就是在这些漂亮但很危险的棉花状云团里形成的。在这个迷宫之中,云层底部是暖空气,相反,顶部空气很冷。强风导致水滴在其中上升和下降。当水滴上升到顶部时,低温会让它们凝结成冰球。冰球达到一定的重量就会下降到云层底部,然后被上升的气流再次托起向上,这样就在冰球表面上增加了一层冰。

冰球这样不停地上升下降,有时可能需要几个小时,变得越来越厚,直至成为冰雹。

上升越强烈,停留在云层中的冰粒就越多,并且越来越大。当云层无法再承受冰粒的重量,冰雹就会噼啪落地,有时会给农作物、建筑和交通带来很大的损害。

## 你知道吗?

2010年,在美国南部曾降下创当地纪录的直径20.32厘米、圆周长47.31厘米、重达879克的冰雹。最重的冰雹是在1986年孟加拉国发现的,重达1.02公斤。

# 真的有
# 海市蜃楼 吗?

**▷ 有。这种由水蒸气制造的画面并非幻象。**

这种奇特的光学现象是真实的。只要能用相机记录下来,这些如梦似幻的景象就不是我们的大脑产生的错觉或幻象。

海市蜃楼是对远处存在物体的反射,就算不知道原因,相信大家也会发现它随着人的靠近而消失。这种现象很多,如在盛夏的公路上,你总能看到远处路面有一片水洼。实际上,那只是对天空的反射。沙漠中出现棕榈树的著名现象也同样,实际上那棵树长在地平线外的某处,你看到的是真实棕榈树的位移反射。

各种因素以复杂的方式混合起来,造成了这种光学现象。

让我们以沥青路面上的水洼为例来分析一下。第一个因素:沥青路面的升温速度远超其上方空气层的升温速度;第二个因素:太阳光波遇到更热的空气膜时会发生偏转;最后,人们以自己的方式来阐释看到的事物,认为光线是以直线到达的。虽然事实并非如此,但给人的印象就是沥青路面上有水洼。

## 你知道吗?

大家通常认为,只有在夏季热带国家或低纬度地区会出现海市蜃楼。其实,在一些寒冷地区也会出现,比如在结冰的海面、冻土或浮冰上面。

# 人会被 热死 吗?

▶ **会的，高温是最致命的天气现象之一。**

在阳光下，人对热的反应是不一样的。有些人在30℃就感到不舒服，有些人则只要温度不超过40℃就没有特别不适的感觉。来自何处、适应能力、肥胖和年龄都会影响一个人对热的耐受力。

脱水、头疼、疲惫或恶心都是中暑的表现。防止中暑，要补充水分、注意遮阳、不过度消耗体力，尽可能待在阴凉处，比如树荫下或有空调的地方。

老人与婴儿是最容易中暑的，有时还会造成严重后果，极端的情况下可能导致死亡。例如，2003年的热浪在欧洲造成7万人死亡。随着气候变化，面临致命热浪风险的人数正在增加。

## 你知道吗?

在没有适当保暖设备的情况下，长时间待在室外也可能因寒冷而死亡。面对极端寒冷时，保暖的衣服和良好的饮食是必不可少的。但是请放心：在西伯利亚，有些人能在接近-40℃的冬天生存下来。

# 最狂暴的风
# 时速是多少?

### ▶ 时速超过400千米！

横扫地表的最强暴风雨都与龙卷风和热带气旋有关。由冷空气气团沿起伏的斜坡下降引起的风叫作下降风，以其狂暴横行出名，在南极海岸尤其肆虐。

1996年4月飓风奥利维亚袭来时，世界气象组织记录到的有效报告显示，澳大利亚巴罗岛的阵风时速达到408千米。产生于海洋盆地的这些风暴，也称为飓风或台风，非常暴虐，经常酝酿出时速200至250千米的狂风。相比之下，龙卷风的持续时间更短，范围也更有限，但仍然是最暴烈的天气现象之一。

人们通常借助车载气象雷达对数据进行搜集和记录。所以，这些数据并不是由建在某个地区的固定气象台或气象站记录到的。也就是说，1999年5月在俄克拉荷马州龙卷风中心观测到的时速512千米的阵风是可信的。

那么，人会被龙卷风吸走吗？答案见第4页。

### 你知道吗?

如果说一些极端强烈的风暴很少被观测到，那是因为风瞬间就可以把我们掀翻。当它达到每小时100至110千米时我们已经无法站稳，而达到每小时130千米时，人就无法站立了。

# 动物能预测
# 天气变化吗？

▷ **不能，除非是在极短的时间内。**

"牛在睡觉……所以要下雨了！"尽管有些谚语让人信以为真，但动物和植物一样，并不能预知未来数日或数周的天气变化。一些基于民间智慧的说法其实并无科学依据。

不过，动物和人类一样，通过经验的积累而具有一定的敏感性。说到天气变化，有些动物就能提前几分钟知道周围环境可能产生的变化。

以蜜蜂为例，它的感官使其能够对环境中发生的变化做出反应并迅速适应，当它发现周围空气变得沉重和潮湿时，就会意识到暴雨将至，于是不会离开蜂巢外出觅食。但是这些因果反应只发生在很短的时间内。别指望能根据你家猫咪的行为或睡觉姿势来得知第二天的天气情况。

### 你知道吗？

有些动物受遗传和季节节奏的影响，会产生一些周期性行为。雄鹿每年4至5月会失去鹿角，但这与气候和天气状况毫无关系。

# 遭受雷击后
# 能 活下来 吗?

▶ **很幸运，能。**

雷电仍是与风暴有关的最大危险之一，能造成巨大破坏。它的能量和威力会对人类造成不同程度的影响。被雷击中都会有后遗症，但只有15%至20%的人会丧命。

人被雷击的方式有很多种，最危险的是被雷电从头到脚直接击中。除了创伤后的应激反应，还可能伴随众多其他伤害，比如烧伤、耳聋或失明。最严重的是肋骨受到撞击，心脏有可能骤停，有时会导致死亡。

有人说被雷电击中的人身上带电，这是完全错误的说法。因此，要尽快对其予以施救，这一点至关重要。

一个人因为在雷击点附近受到雷击而受伤，被称为"间接雷击"。如果后果不严重，就只会在皮肤表面留下灼伤痕迹。

可以人工引发雷电吗？答案见第32页。

## 你知道吗？

当暴雨来临时，要躲到建筑物内，远离窗户，避免接触能导电的物体。在户外，不要躲在树下，也不要奔跑。要记住，雨停了，也可能仍有雷电。

# 谁给云起的名字？

▶ **一个叫卢克·霍华德的人。**

这位英国药剂师后来成为著名的气象学家。1803年，他用拉丁文对云做了一些准确命名。1896年出版的《国际云图集》上首次出现了这些名称。

云层依外观和所处的海拔高度被分为十个不同种类。在天空较低区域的是层云，辅以积云一词，被称作"层积云"，这种云所处高度相对较低，且占比很大。在中等海拔区域的云则使用了前缀"alto"，在拉丁文中是"高"的意思，被称作"高积云"或"高层云"。罗马人曾用"cirrus"这个词来称呼丝状物，于是这个词被用来命名那些位于5千米以上的高云层，即卷云。因为这些云的形状细若发丝，所以没有按惯例被命名为"卷层云"或"卷积云"。

积云体积庞大，状若花椰菜，上下垂直运动，所以它们又被叫作"雨云"，以强调其特性，它的出现必然产生降雨。这就是积雨云。

猜一猜：雨层云像什么？

它是体积庞大的云，底部位于低空，可以达到8千米厚。它会导致大面积降雨或降雪。

那么，云是怎么形成的呢？答案见第31页。

> **你知道吗？**
>
> 云的命名部分取决于它的高度。要测量它的高度，可以把山脉、建筑物或从天空飞过的飞机作为参照物。

# 雾是怎么形成的?

▶ **雾的形成方式和云一样。**

身处迷雾中和身处云团中是一样的。这二者生成的机制相同：暖空气与冷空气接触。但是，与上升的暖空气凝结而成的云不同，当温暖潮湿的气团在移动过程中覆盖了停滞在低空的冷空气气团外层时，就会出现雾。这种现象会让空气中的水分逐渐饱和，而之前那些肉眼看不见的水汽就会凝结成灰色的气团。当能见度低于1千米时，这些气团就被称作雾；能见度在1至5千米时，则被称作"轻雾（薄雾）"。

我们可能会见到不同类型的雾。有只顺着山坡生成的雾，也有平流雾，当大量暖湿空气在寒冷空气的表面移动，例如在海洋上空移动时，就会形成平流雾。最常见的是辐射雾。当平原和山谷的气温比周围山脉更冷且没有风时，就会形成辐射雾。有时候，山峰会从一片雾气中显露出来，仿佛云海中的岛屿。

云海究竟是什么？答案见第95页。

## 你知道吗?

温度低于0℃时，雾会结霜。冰冷的小水珠接触到地面的物体或植物，就会形成一层冰霜。这时，要小心霜冻！

# 有云一定会下雨吗?

▷ **不一定。**

下雨确实需要有云，但有云不一定会下雨。有时，某些云团会在气象条件特别稳定的情况下生成。比如层云，这种体积很大的絮状云团有时是从云海里生成的。尤其是在冬季，云团会充斥山谷、城镇好几天，但并不会带来降雨。

再举个例子，积云通常被认为预示着好天气。美丽夏日的晴空，有时会出现惹人喜爱的菜花形云团。它是无害的，装饰着蔚蓝的天空，并在酷热难耐时为人们提供宜人的阴凉。如果气象条件不够稳定，积云就会垂直积聚起来，最终降下暴雨。

如果天空乌云密布，云层高度不断下降，就说明很快就要下雨了，但在气象学中不存在绝对正确的规则。

# 为什么暴雨后空气更凉爽?

▶ **因为帮助暴雨形成的冷空气赶走了高温。**

暴雨的形成，或者其他任何对天气造成干扰的东西的形成，都要有最基本的条件：冷暖空气相遇。每一个风暴单元都是一个被无数上升气流和下降气流裹挟的巨大升降机。

上升的暖空气总是出现在暴雨倾泻之前，正因为它，人们才会在下雨前感到潮湿和闷热。相反，下降的冷空气跟在雨水后面，所以雨后人们会感到凉爽。

冷空气是形成暴雨不可或缺的因素。如果说暖空气造成大气扰动，冷空气则会引起气团撞击，成为触发降雨的导火索。随着大雨滂沱，雷鸣电闪，暖空气渐渐失去它的热能，接下来就会被冷空气取而代之。

此外，雨水也会带来凉意，因为它来自高海拔。温度一旦下降，有时只需要下降十几摄氏度，天气就会回归平静。

## 你知道吗?

知道世界上什么地方年平均雷暴最多吗？在委内瑞拉的马拉开波湖，这里每年平均有297天在打雷下雨，被称为地球上的雷电之都。

# 人们是怎么了解
# 史前气候的?

▶ 借助"芯"!

　　古气候学是一门科学,它可以让我们了解和重构过去曾经主宰地球表面的气候。其研究方法在相当程度上受到了地质学研究方法的启示。比如,要了解南极洲过去的气候情况,我们就需要凿开冰层,从深处抽取冰芯作为样本。

　　数千年来积淀的不同冰层,为我们提供了一种研究了解过去的途径。冰层像个冷冻的容器,挖凿并对里面的气泡进行分析有助于鉴别过去的气候。这种专业鉴定可以提供关于温度的准确数据,以及某个时间段里的天气信息。

　　花粉是研究古代气候的另一个要素,它们大量存在于潮湿地带的土壤层中,告诉我们过去植被的多样性,以及当时地表气候是凉爽还是炎热。研究海底的化石和沉积物也是科学家用来挖掘气候历史秘密的一种方法。

　　那么,地球为什么会经历冰河时代?答案见第63页。

你知道吗?

　　在阿尔卑斯山山顶,离我们最近的一次史前极端寒冷时期留下了"乌尔姆冰川"。现在的里昂或者日内瓦一带,在那个时期都被冰川覆盖。这场寒流始于公元前7万年,大约在公元前1万年结束。

# 捕雾网

## 是用来干什么的?

▶ **可在水源稀缺的地方回收淡水。**

在地球上，一些非常干旱的地区无法获得足够的降雨来满足人类和农业的用水需求，如智利北部阿塔卡马沙漠的太平洋沿岸地带，但那里的雾天有时非常多。人们就在那些地方使用雾传感器，每天从云层中收集水分，将其转化为淡水。

雾传感器是如何工作的呢？人们在山顶安装巨大的捕雾网，它们就像铺开的蜘蛛网，捕获晨露的水滴和被海风推到斜坡上的雾气的水分。收集到的水沿着网管往下流动，在排水沟的网络中汇入蓄水池，然后在池中完成回收。在雾气浓密的地方，每张网一天能回收50至100升水。对一些人口稀少的村庄来说，这是至关重要的水源。这项技术在摩洛哥、埃塞俄比亚和南美洲的很多国家都得到了应用。

### 你知道吗?

收集雨水并加以利用是一种既环保又经济的手段。下雨时，建筑物屋顶可以排掉数百升雨水，如果将这些雨水储存在水箱中，就可用于灌溉田地或冲洗厕所。

# 地球为什么会经历**冰河时代**？

▶ **因为地球处在不断的运动演变中。**

有多种因素可以解释地球上的气候变化，每一个因素都发挥着不同的作用。要了解这种历经数百万年的演变，就必须关注地球最初始的运动及其位置。因为我们这个蓝色星球在漫长的历史中，其围绕太阳的轨道形状会发生变化。

在变化过程中，地球的自转轴改变了地球某些部分对太阳的接收。对气候来说，这就导致了−5℃至0℃的温差。这是一个巨大的差距。在最温暖的时期，格陵兰岛或南极洲不再形成冰帽，这就是证据。

太阳活动的变化或大型火山爆发也会改变地球气候，每次程度都有所不同。不要忘了大气中二氧化碳的含量也会影响气候。人类排放的二氧化碳过多，也在人为地改变气候，使之变暖。

什么是气候变暖？答案见第101页。

## 你知道吗？

由于地球的两极仍被冰川覆盖，我们确实处于冰河时代！更准确地说，是处在1万多年前发生的冷峰后的间冰期。

# 云层一般在
# 什么海拔**高度**？

▶ **从地面直到地球上空20000米。**

云层的高度取决于云的类型。卷云位置最高，主要由冰晶体组成。它们在地表上空5000至16000米的高空流动，罩住天空或短暂地遮住太阳。所以即使在珠穆朗玛峰峰顶也可能会出现阴云密布的景象。

第二高的是高积云或高层云，其海拔在2500至6000米之间。不断演化的低层云和雾霭，高度要低一些，甚至接近于地面。层云和层积云的海拔高度则在2500米以下。

积雨云的运动轨迹是垂直的，所以是上升空间最大的一种云，哪怕底部靠近地表，其顶部也能上升到18000至20000米的高度。

不过还是有细微差别的：这里提到的高度是在平均海拔流动的云层高度。事实上，它们的高度还要根据它们在地球上的不同位置而有所不同。所以，热带地区形成的云要比极地形成的云层海拔高一些。

## 你知道吗？

云层的高度有助于预测天气。云层处于2000米，隔绝了天空，表明高空的环境平静且不太活跃。

云层处于更高的位置，云层增厚，则预示天气转坏。

最后，如果云层过度增多且不移动，则预示可能有暴雨。

# 没有工具怎么测风速？

## ▶ 仔细观察周围的情况。

要准确测量风的速度，就需要借助风速仪。风速仪有三个绕轴旋转的风杯，它的转速能显示风速大小。风向标则通过在风中的转向来表示风吹的方向。在没有这些工具的情况下，我们仍然可以估计风速和风向。

要想知道风向，只需向空中扬一把沙子，扔一根草或一张纸。风会把这些东西吹向它刮的方向。

至于风力强度的等级评估是根据蒲福风力等级表①划分的。这种工具通过观察不同要素，用0到12来划分风力强度。

因此，如果海面风平浪静，水雾如同从烟囱里冒出来一样笔直升向天空，就可以断定风速低于每小时1千米，即风力为0级；当风在广阔的水面卷起浪花，使树干摇摆时，风速每小时30到35千米，即风力达到5级；当树枝被折断，风速每小时65至70千米，这时，它的风力应该达到了8至9级。

### 你知道吗？

不要被表面现象迷惑，风在地面上吹向某个方向，并不代表它在高处也会保持相同的方向。它有时甚至会完全逆转方向。

这种情况被称为"风切变"。在炎热的天气里，这种刮风现象有利于雷雨的产生。

①1805年由英国人弗朗西斯·蒲福发明。——译注

66

# 球状闪电
## 是什么？

▷ **一个未解的科学谜题。**

在对它做出解释之前，我们先要明白这是一个已经被证实的现象。尽管在一些古老的文字记载或雕刻作品中多次提及球状闪电，但它们的描述并不一致。

直到今天，关于这个奇特的天气现象，我们收集到的令人信服的图片仍非常少。而且，现有的大部分照片都可能被误读：我们观测到的球状闪电很可能是高压电缆铁塔短路或是一些表演场景。在互联网上可以查到各种各样的理论，或是与之相反的说法。

如果能证实这种现象确实存在，那火球应该是一个直径几厘米的发光球体，就像一个大灯泡。下暴雨时，它有可能在空中炸开，伴随着硫磺的气味。但是很少有这样的观测报告。尽管有一百种假设试图解释这种闪电的成因，但没有任何假设得到过科学验证。

那么，被雷暴击中后，人能活下来吗？答案见第48页。

### 你知道吗？

你喜欢看连环画吗？在《丁丁历险记》之《七个水晶球》那一本中，一个火球进入壁炉，并在屋子里旋转了几分钟，这个情节的灵感就来源于球状闪电。

# 我们能看到
# 风暴眼吗?

▶ **可以,但需要从高空俯瞰。**

在卫星图像上可以看到气旋的外观。在这些从太空拍摄的照片上,可以看到这一壮观天气现象的中心点和它非常具有辨识度的独特形态。

美国国家海洋和大气管理局(NOAA)的飞机已经成功进入过风暴眼中心。因为,尽管气旋看起来汹涌动荡,它的中心却像一根平静的立柱。这个中心区域一片晴空,风力非常小,空气干燥。大气压力极低,有时可能是地球上大气压力最低的地方。在它周围,全是气旋:越过"风眼墙"就是暴风骤雨。

于是,阴暗的天空中乌云翻滚,强烈的阵风和暴雨轮番登场。

风暴眼的直径长达30至60千米不等。气旋席卷的过程中,这个安静的中心地带会给受影响的人群提供几十分钟的喘息时间,平静过后,风暴会再次袭来。

## 你知道吗?

1950年代之后,气象学家开始为台风和龙卷风命名。根据季节的不同,它们以字母顺序排列。我们还记得,2005年北大西洋最著名的卡特里娜飓风几乎摧毁了新奥尔良,还有2017年肆虐西印度群岛的台风伊尔玛。

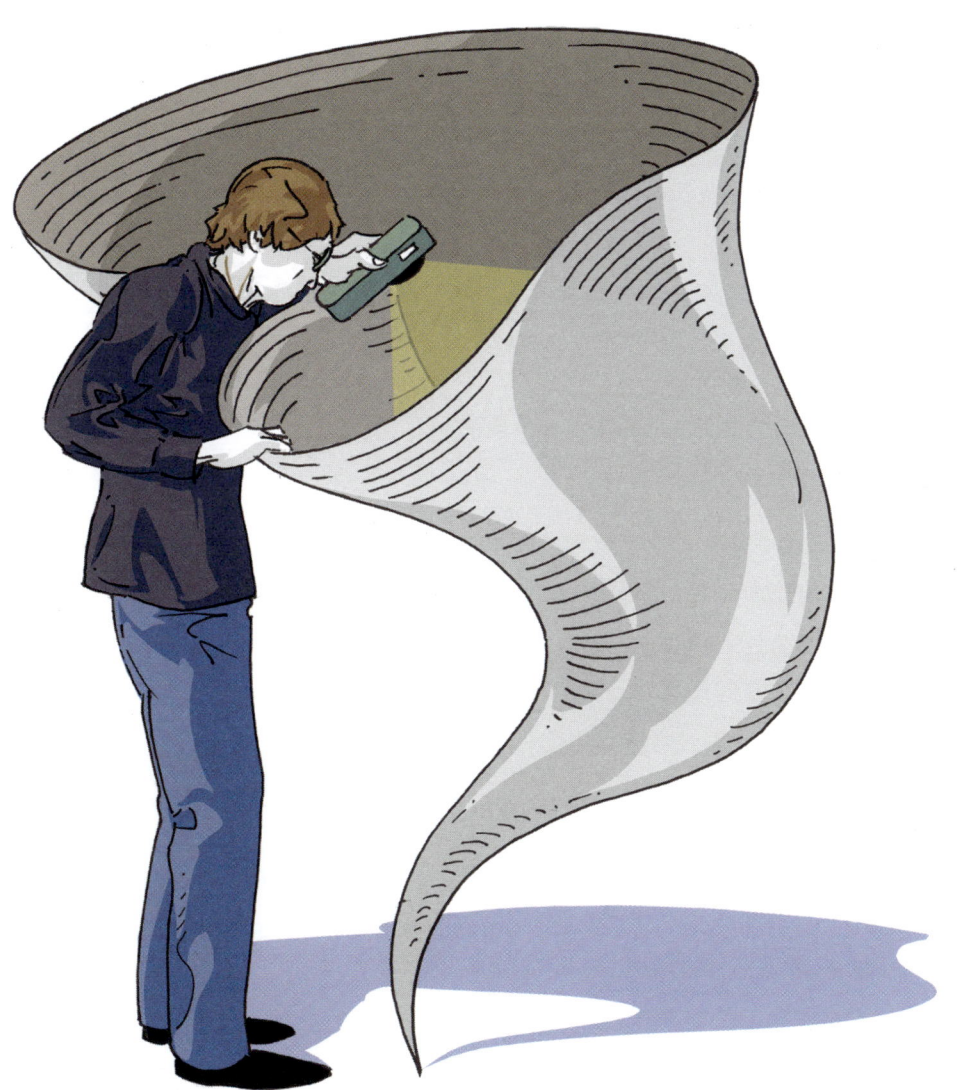

# 40度咆哮
# 西风带
## 真的会咆哮吗？

▶ 这个现象仍是个谜，它掩盖了一个真相：有些天气现象会发出巨大的声响。

在世界各地跑船的水手都知道，当船只驶入南纬40度的咆哮西风带区域时，意味着他们进入了一个可怕动荡的气候环境，需要加倍警惕。南半球南纬平行40°至50°之间介于南回归线和南极洲的冰山之间，是疾风劲吹的地方。

要了解为什么水手会害怕这个地方，就必须关注当地的天气情况。来自极地的冷气团和来自热带的温暖气团在这里相遇，冷热气团的冲撞在大范围内制造了极强的低气压带。这些低气压团在印度洋、太平洋和大西洋以南地区环球流动，那里的陆地面积比北半球少得多，因此风暴畅行无阻。一般的风也能以每小时50至100千米的速度移动，海面上掀起的海浪可高达35米。在这种强对流的气象环境里，风云激荡，吼声四起。"40度咆哮西风带"之名便来源于此。然而，我们从未听到过狮子在海洋中心咆哮。

### 你知道吗？

40度咆哮西风带以南是可怕的"50度尖叫带"。除了美洲大陆的最南端，只有少数岛屿位于这些纬度上。我们可以看到有火地岛群岛的一部分、塔斯马尼亚群岛以及凯尔盖朗群岛。除非你不怕风和潮湿，否则很难在这些地方生活。

# 什么温度能让大海结冰?

▶ **平均为-2℃。**

事实上，一切都取决于海水的盐度，因为盐起着调节作用。海水中钠含量越高，其冰点就越低。水流和波浪也有影响。海洋的不断运动状态不利于冰的形成。而且，不断运动变化的环境里，温度不会有规律地下降。因此，冷水只会向上翻涌至海面，覆盖海面的冰层主要在海岸附近、海湾以及海上飞地这些浅海区域形成。只有满足所有条件，浮冰才可能形成。

海水平均每升含35克盐，含量值介于每升18至58克之间，具体取决于所处海域。

比如大西洋含盐量不超过每升30克，结冰温度为-1.8℃，而地中海等内陆海域的水含有较高比例的盐分，结冰速度较慢。

到底需要多长时间才能形成一块极地浮冰呢？答案见第81页。

### 你知道吗？

有一个例外：死海含盐量约为27.5%！你必须非常有耐心，并祈祷温度降得足够低，那样才有可能看到它结冰。

# 刮什么风
## 让哥伦布发现了
### 美洲大陆?

▷ **著名的信风。**

地球的气候被一系列反气旋和低气压影响。在某些地区,高气压带和低气压带的移动幅度很小,一年中的大部分时间里都锚定在固定的位置。亚速尔群岛的反气旋,顾名思义,喜欢待在摩洛哥和葡萄牙附近的海域。在这一高压区附近,风向顺时针旋转。为了寻找美洲,克里斯托弗·哥伦布先让自己的船被来自西班牙的这些北风推动,然后沿着北非海岸航行。抵达加那利群岛南部后,船只又乘东风横渡大西洋。

渐渐地,哥伦布的探险船队进入了信风带,这是地球上最稳定的风。它们在北回归线和厄瓜多尔之间从东北吹向西南,从而使经验丰富的航海家能够到达加勒比海。

那回程怎么办呢?依然可以利用风。

它们环绕着从佛罗里达到亚速尔群岛的反气旋,在中纬度地区形成一股非常深的西风流,直奔欧洲。

---

**你知道吗?**

克里斯托弗·哥伦布运气非常好,他的船队没有遇到太恶劣的天气。要知道,他的航行时间选择在8月到10月,正值北大西洋飓风季节的高峰期。船队所选的路线与塞内加尔海岸和墨西哥湾之间那些强大风暴的路径一致。

# "圣诞节天气暖, 复活节天气冷" 是真的吗?

▶ **不是，这种说法完全没有依据。**

　　很抱歉让一些民间说法爱好者失望了：这句谚语是错误的，没有科学依据。我们可以进行验证。首先，如果仔细分析这句话，它的言下之意是，如果圣诞节暖和，复活节就会很冷。请记住，预测超过7到8天的天气是不可能的。其次，统计数据很清楚：圣诞节的天气和复活节的天气之间没有相关性，复活节的日期每年也有所不同。

　　国家气象机构的统计研究表明，一般而言，圣诞节天气不冷，而复活节很冷的情况每5年甚至每6年才出现一次。15%到20%的概率显然太低，所以不能草率得出结论。总之要知道，这些古老的谚语是在气象科学没有出现的年代里总结出来的。

## 你知道吗？

关于天气预报，动物无法预测天气，谚语也没有科学依据。更不要期待大自然提供什么迹象来判断冬天冷不冷、夏天热不热。剥下来的洋葱皮的厚度更不可能预示什么真相。

# 形成一块
# 极地浮冰
# 需要多少时间？

**▷ 需要漫长的几个星期。**

大海因为海水翻涌并且含盐，因此比湖泊淡水更难冻结。然而，每年秋冬时节气温下降时，还是会形成大量的浮冰。由于寒冷，海水逐渐从液态变成糖浆般浓稠，然后凝固结冰。这个变化过程持续好几个星期。夏末，当白天变短，大自然的信使带来了季节更替的信息时，海水也开始变化。海面上出现冰壳，秋天来了，它们慢慢扩大、碰撞、融合，形成浮冰。极夜里，即太阳从不露面的冬日，浮冰持续变大。没有什么能阻挡它，它的增长速度很快。3月，我们就能看到规模超大的浮冰。

浮冰也分几种：季节性浮冰，1至2米厚，每年秋天形成，天气一变暖就融化；多年生浮冰，厚度可达5米，即便在夏季也不会消融，能持续三到四年，然后被水流冲走，随波漂流。请注意，不要将海上浮冰与在土地上形成的冰帽混淆，那些冰帽已经存在了数百万年，最著名的是南极洲冰帽。

## 你知道吗？

海上浮冰是气候变化的指标。卫星观测表明，多年生浮冰的数量近30年来一直在减少。

# 如果说**暖空气会上升**，为什么海拔**越高越冷**？

▶ **因为地球会储存太阳的热量。**

地球不断地储存来自太阳的热量。地面起着蓄能器的作用，通过辐射加热我们周围的空气。温度只要升高几度，暖空气就像热气球一样上升。然而，一种更强大的机制会阻止暖空气的上升趋势并限制大气上层升温。当人们站在海拔高的地方，就会感觉到氧气稀薄，呼吸变得困难。这是因为在高处，大气压力（即空气在地面上的重量）会降低，越往高走，气压就越低。

为了维持体积不变，空气开始膨胀并失去热量，就像打开自行车内胎的阀门一样：泄出的气体温度更低。

从逻辑上讲，为了攀上高峰，离零度海拔越远，空气越膨胀越冷，地球表面辐射的热量就越少，所以气温会越来越低。海拔每升高100米，温度就会降低0.65℃。

---

**你知道吗？**

温度并不总是随着地球上的高度而降低。秋冬季节天气晴好时，经常会看到逆温现象，山里气候温和，在低海拔地区却结冰。重量更大的冷空气沿着山体斜坡下降，并被自身的重量困在山谷底部。

# 雪崩的速度
## 有多快？

▶ **介于每小时60到400千米之间。**

　　这个速度差距很大，因为它取决于雪崩的类型。崩落速度最快的是那些液态但几乎不含水的新雪或粉雪。絮状雪片和空气混合在一起，形成巨大的云团，又被称作"气溶胶"。这种雪崩非常危险，主要发生在大雪之后，崩落的速度通常在每小时100千米，如果是陡峭山峰，速度可达每小时350到400千米！

　　板块雪崩则是因某个地方堆积的雪被风吹起而引发的。这些局部堆积的雪片增加了积雪层的重量，导致其表层脱落并顺着山坡滚落。有时它们是自然滚落，但很多时候是因为那些滑雪者冲出雪道外而触发的。这种雪崩能以超过每小时100千米的速度冲下斜坡，但很少超过每小时200千米。

　　湿雪或者融雪所造成的雪崩主要发生在春季或隆冬季节气温回升的日子里。与熔岩流类似，它们时速不超过60千米。但沉重的湿雪往往会造成巨大的物质损失和地质侵蚀。

### 你知道吗？

　　不要随便离开滑雪道。为避免事故发生，气象部门每天会发布公告，评估雪崩的危险程度。公告信息会张贴在滑雪场内。在高风险的情况下冒险离开规定滑雪区域是非常危险的。

# 月亮出现光晕是怎么回事?

▶ **这是由于冰晶的存在。**

天体会捕获并反射光线，当反射的部分光线发生偏转时，就可以在月球的周围观察到这种明亮的月晕。这实际上是光线与悬浮在大气中的水发生了碰撞，而水在这里以冰晶的形式存在。

光线的这种干扰会产生明亮的光晕。如果我们观察天空，也可以常常看到太阳周边出现同样的现象。

过去，这种光环被视为天气恶化的前兆。为什么呢？因为有卷层云出现，这些细丝状的云层大量出现在高空，意味着在高海拔地区空气湿度非常大。但就算有时候天气真的会变坏，这种预测也并不可靠，且没有科学依据。

光晕有几种类型，但或多或少都有共通之处。最靠近太阳或月亮的光晕，被命名为"小晕"，我们在地面就经常可以看到；离它们最远的叫"大晕"，我们很少看到，往往需要在极地地区才能见到。光晕的形成机制基本相同，就是光线穿过不同形状的冰晶，从而产生这种特殊效果。

## 你知道吗?

日晕，又称"圆虹"，这种现象更让人惊叹。在光晕形成的圆圈上，我们会发现小的发光点，有点像太阳图像的复制品，令人眼花缭乱。

# 在暴风雪里
# 真的会迷路吗?

▷ **唉,是的。**

暴风雪可没有一点同情心,大量的降雪被狂风吹得漫天飞舞,温度骤然降到0℃以下。在这种恶劣的天气中,能见度非常低。最初,暴风雪(blizzard)一词仅指北美加拿大或美国冬季的恶劣天气,后来这种用法开始在南极洲、大部分山区和所有北欧国家流行开来。

这种极端天气现象通常持续3个小时,能见度不到1千米,才真正称得上暴风雪。在一片混沌中,人很快就会因为失去方向感而迷路。尤其是当身体调动全部能量来抵御寒冷时,头脑会渐渐失去判断能力。没有视觉提示,我们不再知道自己该往哪个方向走,有时甚至不知道是向上走还是向下走。如果不快点找到庇护所来保护自己,生存的机会就很渺茫。

## 你知道吗?

在暴风雪里,体感温度非常低。事实上,温度计无法在如此恶劣的天气里显示温度,而风会让寒冷的感觉更加强烈。为了表达这种感受,人们发明了一个词——风冷指数。当温度为-8℃,风速为每小时60千米时,人的体感温度是-20℃。真的很冷!

# 露水是怎么形成的？

▶ **因为夜里降温。**

空气里的大部分水分是无法看到的。和许多储存在空气里的气体一样，水分也是悬浮在空气中的。要想看到它，必须冷却空气并使之饱和成蒸汽。这时，蒸汽凝结，从气态变成液态。

这就是露水的形成机制。人们通常在清晨看到露水，因为它是在前一天夜里凝结的。到底是怎么形成的呢？因为黄昏气温逐渐下降。同时，地球和地面上的物体开始散发它们在白天积累的热量，冷热对撞，空气中的水分不能继续保持汽态，开始凝聚成极小的水珠，落在草叶上，落在地面的任何物体上。

当我们从冰箱里拿出一个装有冰水的塑料瓶时，也能看到同样的凝结现象：从寒冷的环境来到温暖的环境里，瓶子表面会蒙上一层水珠。

晴朗无风的夜晚更容易出现露水，如果温度在0℃以下，湿润的植物表面会出现白霜。

## 你知道吗？

露水是某些生物生存的重要保障。清晨，各种昆虫靠露水补充水分。对于生活在非洲纳米比亚西南部纳米布沙漠的甲虫来说，露水和雾气是它们唯一的水分来源。

# 冰山从哪里来？

## ▶ 冰山来自冰帽。

冰山（icebergs），字面意思是"冰块山"，诞生于南北极海域。小心不要混淆概念：这些巨大的漂浮冰山来自濒临海面的冰川。这堵冰冻的墙在海洋里漂流时，会经历海流、海浪和潮汐，因此密度非常大。受累于自身重量，它最终会破裂，并断裂成巨大的冰块，落入水中。它和浮冰不一样，浮冰是在海面上形成的一层更薄的冰。

如同冰块浮在一杯水里，这些冰山漂流在海面上。它们像旅行者，随着风和洋流随意改道，让水手们担惊受怕。为什么会害怕？因为它们露出水面的部分只是整个体积的十分之一——水下的部分无比巨大。船只一旦与冰山相撞，通常会毁坏沉没。经过一到两年的漂流后，冰山最终会在温带的水域融化。最大的冰山需要十几年才能消失。

### 你知道吗？

冰山的大小不一。最大的可以高达一百多米，重达好几百万吨。和这种令人震撼的庞然大物相撞，结果肯定是悲剧：1912年，"泰坦尼克号"大型客轮在北大西洋撞上冰山，不幸沉没，导致超过1500人死亡。

# 云海是什么?

▶ **当云顶高度低于山顶高度时,我们看到的大片云层就叫云海。**

云海可不是善茬儿。冬天,这个结构紧密的低云带在一些山谷中停滞不前,遮住了阳光。云层上下的天气状况截然不同。具体取决于是在这个云层之上还是之下。

在云层的遮盖下,无论在山谷还是平原,天气都很潮湿,令人感到阴冷和不舒服。温度也完全反过来:例如,在低海拔地区温度可能在0℃,而在1000多米处气温可达到10℃。就是说,在这块絮状的遮盖板上方,山顶享受着阳光与和煦的天气。这块云层的高度在海拔400米至1800米之间。云海的形成需要稳定的反气旋环境。秋天和冬天,太阳温度不够高,无法驱散谷底的云层时,很容易形成云海。如果想逃离这种灰色,有时只需增加一点点高度。

# 暴风雨

## 是怎么停止的?

**▶ 当它接触地面时就会停止。**

要想知道一场暴风雨是如何停止的，就要了解它从哪里来，又是如何形成的。这种大气扰动来源于强大的能量，它由风推动冷暖空气的对撞引起。最极端的气候现象之一——飓风，源自海洋的温暖水域，这是不同温度锋面发生冲突的合适区域。

以大西洋西部盆地为例，如果说加勒比海域常遭受飓风的严重影响，那是因为该海域盛产形成飓风所需的能量。但是，当风暴刮到大陆时，来自温暖海水所蕴含的能量会耗尽，一点点变弱，逐渐失去风雨交加的能力，直到完全停止。所以，发源于加勒比海然后迅猛登陆北美沿海地区的狂暴气旋，因为缺乏续航能量，迅速降低了强度。在该地区登陆的飓风都无法继续向北移动，遇到北大西洋冰冷的海水时，它们会失去破坏能力，重新转化为低气压。

### 你知道吗?

发生在西欧地区那种破坏性稍小的风暴具有相同的生命周期。它们在大西洋沿岸达到最大风力潜值，然后随着向东和向内陆移动而逐渐减弱。

# 冰川是怎么形成的?

▶ **冰川一般是通过雪的堆积和压实而逐渐形成的。**

冰川只出现在高山或极地地区。冰川要想不断增长，就需要相当低的温度和定期降雪。

要想制造出这些巨大的冰库，在很长一段时间里，降雪量必须大于融雪量。有了这些条件，雪层才能重叠、堆积。在自身重量的作用下，雪片堆积层会压实并紧密黏结在一起。在这个紧密的结构里，雪片的晶体破裂，空气被排出去。

在十几年的时间里，雪变成冰。一座冰山不是储存的冻结的水，而是装满冰冻积雪的容器。请注意，这个大雪堆和一个普通的冰原是不一样的。就算这个积雪板块能顶住大部分炎炎夏日，它最终还是不可避免地要融化。

## 你知道吗?

受巨大压力和自身重量的影响，冰川会不断移动。在山区，坡度越陡，移动速度越快。在海拔差异明显的地方，有时可以每年移动数百米，而在相对平坦的地区每年只能移动几十米。

# 什么是
# 气候变暖？

▶ **人为原因导致的气候变化，即由人类活动引起的气候变化。**

气候变暖是一个老生常谈的话题。说全球变暖或者气候变化似乎更准确。20世纪中叶以来平均温度升高是气候变化的特点。平均温度这一概念在这里非常重要。即使我们有时会观察到一两年的寒冷或局部地区的温度下降，变暖也是一个全球性的、渐进的演变，影响着整个地球。

特别是由于工业和农业活动造成的温室气体排放量不断增加，人类在这一演变中应该承担很大的责任。在这种变化的所有影响中，值得注意的是干旱现象的增加、海平面上升或气旋现象的加强。

在未来，这种气候变暖的后果可能会加剧。

### 你知道吗？

大量无法忽视的数字或许能让人们意识到全球变暖的速度和紧迫性。自1950年以来记录到最热的三个年份是2015年、2016年和2017年。

## 作者简介

**托马斯·布兰查德（Thomas Blanchard）：** 法国阿尔卑斯气象局（栏目）创始人，在Facebook（脸书）上主持同名栏目，拥有超过五万粉丝。

**佩吉·弗雷（Peggy Frey）：** 插画师，曾出版《不同状态下的房子》《男孩女孩：很不同，很平等》等绘本。

**弗雷德里克·米肖（Frédéric Michaud）：** 插画家和新闻漫画家，为读者提供梦幻般、诗意的图画世界。

## 译者简介

**宁虹：** 四川大学文学与新闻学院比较文学博士，四川大学外国语学院法语专业教授，中国外国文学学会、法国文学研究分会理事会常务理事，法国龚古尔文学奖中国评选委员会委员。